essentials

Essentials liefern aktuelles Wissen in konzentrierter Form. Die Essenz dessen, worauf es als „State-of-the-Art" in der gegenwärtigen Fachdiskussion oder in der Praxis ankommt. Essentials informieren schnell, unkompliziert und verständlich – als Einführung in ein aktuelles Thema aus Ihrem Fachgebiet – als Einstieg in ein für Sie noch unbekanntes Themenfeld – als Einblick, um zum Thema mitreden zu können. Die Bücher in elektronischer und gedruckter Form bringen das Expertenwissen von Springer-Fachautoren kompakt zur Darstellung. Sie sind besonders für die Nutzung als eBook auf Tablet-PCs, eBook-Readern und Smartphones geeignet. Essentials: Wissensbausteine aus Wirtschaft und Gesellschaft, Medizin, Psychologie und Gesundheitsberufen, Technik und Naturwissenschaften. Von renommierten Autoren der Verlagsmarken Springer Gabler, Springer VS, Springer Medizin, Springer Spektrum, Springer Vieweg und Springer Psychologie.

Weitere Bände in dieser Reihe
http://www.springer.com/series/13088

Mathias Bauer • Willi Freeden
Hans Jacobi • Thomas Neu

Energiewirtschaft 2014

Fakten und Chancen der Tiefen Geothermie

Mathias Bauer
Bexbach
Deutschland

Hans Jacobi
Essen
Deutschland

Willi Freeden
Kaiserslautern
Deutschland

Thomas Neu
Saarbrücken
Deutschland

ISSN 2197-6708
ISBN 978-3-658-06408-2
DOI 10.1007/978-3-658-06409-9

ISSN 2197-6716 (electronic)
ISBN 978-3-658-06409-9 (eBook)

Die Deutsche Nationalbibliothek verzeichnet diese Publikation in der Deutschen Nationalbibliografie; detaillierte bibliografische Daten sind im Internet über http://dnb.d-nb.de abrufbar.

Springer Spektrum

Gedruckt auf säurefreiem und chlorfrei gebleichtem Papier

Springer Spektrum ist eine Marke von Springer DE. Springer DE ist Teil der Fachverlagsgruppe Springer Science+Business Media
www.springer-spektrum.de

Was Sie in diesem Essential finden können

- Aktuelle Übersicht über die zur Stromerzeugung in Deutschland genutzten Energieträger
- Kritische Diskussion der Potenziale der verwendeten Energieträger
- Einen kurzes Abriss in das thermische Regime der Erde
- Wissenschaftliche und wirtschaftliche Gründe für die Tiefe Geothermie als ein erfolgreicher Baustein für die Energiewende
- Angemessenes Interessenmanagement zur Herstellung einer sozio-politischen Akzeptanz von Tiefer Geothermie

Vorwort

Alternative Energien bestimmen immer mehr unsere wirtschaftliche Entwicklung und die öffentliche Diskussion. Die Energiewende und das dafür entwickelte Instrumentarium – das Erneuerbare-Energien-Gesetz (EEG) – sind in der letzten Zeit heftig in die Kritik geraten, sei es durch Proteste gegen Überlandstromtrassen, eine lokale „Verspargelung" mit Windkrafträdern oder die immer weiter steigende EEG-Umlage für den privaten Stromnutzer.

Wir möchten mit diesem ‚Essential' eine möglichst wertfreie Darstellung der aktuellen Energie- und Stromwirtschaft in Deutschland geben. Alle dafür verwendeten Statistiken sind über das Internet frei zugänglich, in der Literaturliste am Ende finden Sie eine Auswahl der entsprechenden URLs. Schauen Sie nach, machen Sie sich bitte selbst ein Bild!

Unser Anspruch war es, den Blick für die Schwachstellen der Energiewende zu schärfen: das fehlende Eintreten für eine erneuerbare Energie, die klimatisch bedingte Stromerzeugungsschwankungen von Photovoltaik und Windkraft ausgleicht und als Grundlastträger für Strom fungiert. Tiefe Geothermie leistet jetzt schon einen kleinen Beitrag zur Grundlastsicherung. Es wird dargestellt, dass sie diese Aufgabe aber auch im großen Rahmen der Energiewende erfüllen kann, wenn die technischen wie wirtschaftlichen Rahmenbedingungen für solche Projekte klar definiert, wissenschaftlich begleitet und von der Politik bereit gestellt werden.

Danksagung: Die Autoren dieses Beitrages bedanken sich bei Herrn Clemens Heine vom Springer-Verlag für die hervorragende Mitwirkung bei der Gestaltung des Textes und die Bereitstellung umfangreichen Informationsmaterials.

Hinweis: Die von uns genannten Zahlen zum Energieverbrauch und zur Energieproduktion werden ständig aktualisiert. Deshalb haben wir darauf geachtet, dass die Inhalte dieses „Essentials" nicht von der korrekten Zahl nach dem Komma abhängen sondern prinzipieller Natur sind.

Inhaltsverzeichnis

1 Einleitung

In dem Atomkonsens vom 14. Juni 2000 zwischen der damaligen Bundesregierung und den Energieversorgungsunternehmen wurde nicht nur der Ausstieg aus der Atomwirtschaft bis 2022 beschlossen, sondern gleichzeitig als Zielsetzung eine sichere, bezahlbare und umweltfreundliche Energiegewinnung. Das Steuerungsmittel zur systematischen Förderung von regenerativ erzeugtem Strom ist seit dem April 2000 das Erneuerbare-Energien-Gesetz (EEG), das als Nachfolge vom Stromeinspeisegesetz von 1991 verabschiedet wurde. Über die von allen Verbrauchern zu zahlende EEG-Umlage (= Aufschlag auf jede verbrauchte Kilowattstunde Strom) wird dem Erzeuger einer regenerativen Energie ein fester Einspeisebetrag pro Kilowattstunde über in der Regel 20 Jahre garantiert.

Nach der Reaktorkatastrophe von Fukushima im März 2011 war es politischer Konsens in Deutschland, künftig Strom möglichst ausschließlich aus erneuerbaren Energiequellen zu erzeugen. Die politischen Rahmenbedingungen für einen entsprechenden Energiemix wurden nachhaltig bestätigt: das Ende der Förderung des Steinkohlebergbaus 2018 und der Atomausstieg 2022 bei Beibehaltung der Förderbedingungen im Rahmen des EEG.

Die Stromerzeugung aus regenerativen Energien hat inzwischen eine beachtliche Größenordnung erreicht. Im Jahr 2013 ist der Anteil regenerativer Energien an der Bruttostromversorgung auf 23,8 % gestiegen. Die damit für den Verbraucher verbundene Steigerung der EEG-Umlage hat zu einer intensiven politischen und wirtschaftlichen Diskussion über die Begrenzung und Neuausrichtung der Förderung regenerativer Energien geführt. Die für August 2014 von der Bundesregierung angekündigte Novelle des EEG wird die Förderung regenerativer Energien neu regeln und soll auch zu einer Änderung der verbundenen EEG-Umlage führen.

Ziel der vorliegenden Arbeit ist eine kritische Bestandsaufnahme des aktuellen Energiemixes und hieraus resultierend eine Kommentierung, welche Konsequenzen daraus für einen zukünftigen Energiemix abgeleitet werden müssen, um den Anforderungen einer weitestgehend vollständigen Versorgung der deutschen

M. Bauer et al., *Energiewirtschaft 2014*, essentials, DOI 10.1007/978-3-658-06409-9_1

Bevölkerung ab dem Jahr 2050 mit Strom aus regenerativen Quellen zu erfüllen. Eine Reduktion der Diskussion über die Höhe der im Rahmen des EEG von dem Verbraucher zu zahlenden Umlage und wie die Umlage gerechter gestaltet werden sollte, verstellt aus unserer Sicht den Blick auf eine wertfreie Beurteilung der Potenziale der einzelnen Energieträger und den sich daraus ergebenden Energiemix der Zukunft.

2 Der aktuelle Energiemix in Deutschland

Der Primärenergieverbrauch in Deutschland wurde 2012 von Mineralöl mit 33 % und Erdgas mit 21,5 % dominiert (siehe Abb. 2.1). Kernenergie, Stein- und Braunkohle deckten 2012 zusammen rund 33 % ab, die erneuerbaren Energien kamen auf 11,6 %. Der Primärenergieverbrauch beschreibt die gesamte für die Umwandlung und den Endverbrauch in Deutschland benötigte Energie, also nicht nur die für den Stromverbrauch benötigte Energie, sondern auch die für Wärmeerzeugung, Verhüttung und für die anderen energiebedürftigen Anwendungen.

Schaut man sich hingegen wie in Abb. 2.2 nur die Brutto-Stromerzeugung in Deutschland an, ändert sich das Bild deutlich (Der Vergleichbarkeit wegen, verwenden wir an dieser Stelle die Statistik für das Jahr 2012, werden später aber auch die Statistik für das Jahr 2013 betrachten).

Erneuerbare Energien machen hier schon einen Anteil von 22,8 % aus und sind nach der Braunkohle mit einem Anteil von 25,5 % der zweitgrößte Energieträger für die Stromerzeugung. Auch hat die Bereitstellung von inzwischen größeren Mengen an gerade Solar- und Windstrom mangels Speicher- und Leitungskapazität dazu geführt, dass dieser Strom nicht in seiner Gesamtheit zur richtigen Zeit an die richtigen Stellen kommt. Aktuell bringen die Erneuerbaren Energien immer mehr Strom in den deutschen Markt, der aber auch nicht immer zu der Zeit gebraucht und damit verbraucht wird, wenn er benötigt wird. So wird jetzt schon zu gewissen Zeiten Strom ins Ausland zu einem Preis verkauft, der unter den Förderkosten von im Schnitt 17 Cent/kwh liegt.

Bei der aktuellen politischen Diskussion um die Energiewende dominiert das Thema Stromerzeugung, weshalb wir uns im Folgenden hierauf beschränken und uns das politische und strategische Umfeld der einzelnen Energieträger zur Stromerzeugung genauer anschauen wollen. Dabei greifen wir auf die aktuellste Statistik der Bundesnetzagentur vom 16. Oktober 2013 über die in das deutsche Stromnetz eingespeiste Elektrizität zurück. Da die Sicherheit der leitungsgebundenen Versorgung der Allgemeinheit mit Elektrizität eine der Aufgaben der Bundesnetzagentur

M. Bauer et al., *Energiewirtschaft 2014,* essentials, DOI 10.1007/978-3-658-06409-9_2

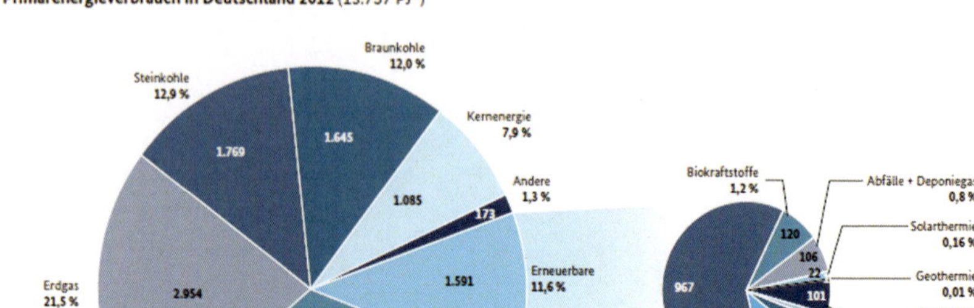

Abb. 2.1 Primärenergieverbrauch in Deutschland 2012. (Quelle: Arbeitsgemeinschaft für Energiebilanzen (AGEB), Arbeitsgruppe Erneuerbare Energien-Statistik (AGEE-Stat))

bdew
Energie. Wasser. Leben.

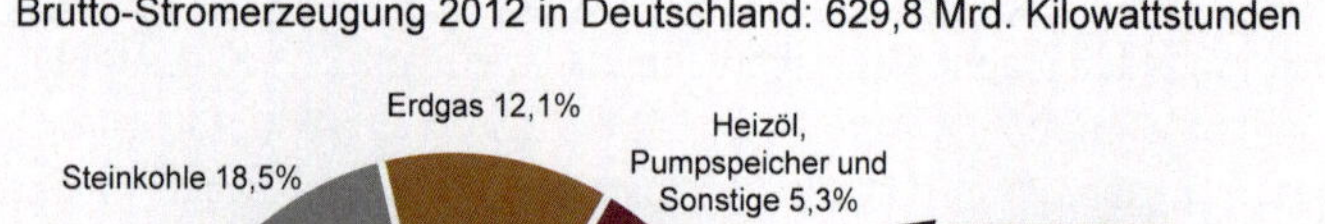

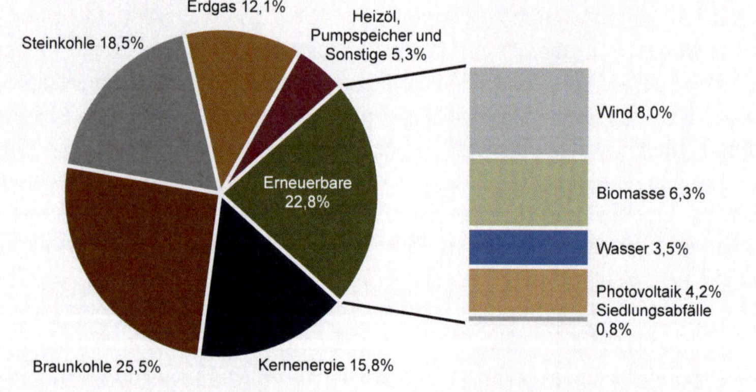

BDEW Bundesverband der Energie- und Wasserwirtschaft e.V.

Abb. 2.2 Bruttostromerzeugung nach Energieträgern 2013. (Quelle: BDEW (Bundesverband der Energie- und Wasserwirtschaft e. V.), AG Energiebilanzen Stand: 12/2013)

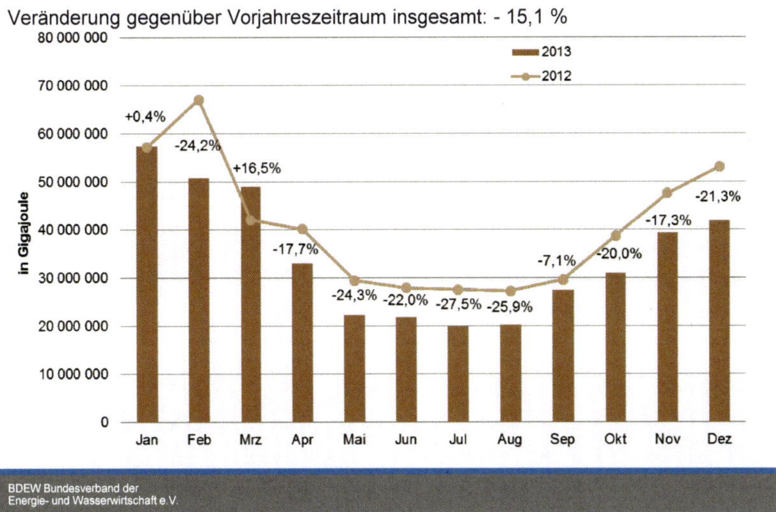

Abb. 2.3 Brennstoffeinsatz Erdgas 2013 für Elektrizitäts- und Wärmeerzeugung in den Kraftwerden der Stromversorger. (Quelle: BDEW)

ist, hat sie in einem Monitoring alle Kraftwerke, die mehr als 10 Megawatt (MW) in das deutsche Netz einspeisen, in der Statistik erfasst (Hinweis: Anlagen mit weniger als 10 MW Leistung sind nach EEG nicht vergütungsfähig).

An der Aufstellung von Tab. 2.1 lässt sich sehr gut ablesen, dass die Gruppe der nichterneuerbaren Energieträger von vier Energieträgern mit zusammen 83 % des in dieser Gruppe produzierten Stromes dominiert wird: Erdgas, Steinkohle, Braunkohle und Kernenergie.

Erdöl Der wichtigste Energieträger für den Primärenergieverbrauch, das **Mineralöl,** spielt mit 2 % fast keine Rolle bei der Stromerzeugung, weshalb wir im Weiteren nicht näher auf diesen Energieträger eingehen werden.

Erdgas Wie die Statistiken des Bundesverbandes Energie- und Wasserwirtschaft e. V. (bdew) zeigen, ist der gesamte Erdgasverbrauch in Deutschland von 2011 auf 2012 um 1 % bzw. um 13 Mrd. kwh auf 909 Mrd. kwh gestiegen. Auffällig ist, dass der Anteil der Kraft- und Heizwerke für die allgemeine Versorgung im gleichen Zeitraum um 17 % von 164 auf 135 Mrd. kwh sank. Dieser Trend setzte sich auch 2013 fort (siehe Abb. 2.3): Stand Dezember 2013 lag der Brennstoffeinsatz von

Tab. 2.1 Auswertung Kraftwerksliste Bundesnetzagentur nach erneuerbaren Energieträgern (Ja/Nein) – ohne endgültig stillgelegte Anlagen Stand 16.10.2013; Summe elektrische Netto-Nennleistung in MW (für 1–10. 2013). (Quelle: Bundesnetzagentur.de)

	Erneuerbarer Energieträger		
	Ja	*Nein*	*Summe*
Abfall	806	806	1.611
Biomasse	5.997		5.997
Braunkohle		21.238	21.238
Deponiegas	258		258
Erdgas		27.239	27.239
Geothermie	26		26
Grubengas		254	254
Kernenergie		12.068	12.068
Klärgas	92		92
Laufwasser	3.873		3.873
Mehrere Energieträger (nicht erneuerbar)		49	49
Mineralölprodukte		4.082	4.082
Pumpspeicher		9.240	9.240
Solare Strahlungsenergie	35.651		35.651
Sonstige Energieträger (erneuerbar)	159		159
Sonstige Energieträger (nicht erneuerbar)		2.627	2.627
Speicherwasser (ohne Pumpspeicher)	1.393		1.393
Steinkohle		24.911	24.911
Unbekannter Energieträger (nicht erneuerbar)		162	162
Windenergie (Offshore-Anlage)	508		508
Windenergie (Onshore-Anlage)	32.005		32.005
Gesamtergebnis	*80.769*	*102.676*	*183.445*

Anmerkung: 50 % des Energieträgers Abfall werden näherungsweise den erneuerbaren Energieträgern zugerechnet

Hinweis: In das deutsche Netz einspeisende Kraftwerksleistungen in Luxemburg, Frankreich, Schweiz und Österreich sind ebenfalls aufgeführt

Erdgas in Kraftwerken für die Stromerzeugung im Jahr 2013 insgesamt 15,1 % unter dem Vorjahr.

Man kann aber nicht von einem beginnenden Ausstieg aus dem Energieträger Erdgas für die deutsche Stromversorgung sprechen. Gerade kleinere Gaskraftwerke im Bereich der Kraft-Wärme-Kopplung sind aufgrund ihrer An- und Abschaltflexibilität und ihrer hohen Energieausnutzung als Reservekraftwerk ein wichtiger Baustein im zukünftigen Energiemix. Reservekraftwerke sind Kraftwerke, die nur auf Anforderung der Übertragungsnetzbetreiber zur Gewährleistung der Versorgungssicherheit betrieben werden, also nicht permanent am Netz sind. Von der 2013 ausgewiesenen Energiereserve von 1575 MW entfallen 1372 MW, also 87 %, auf Erdgaskraftwerke; der Rest entfällt auf Steinkohlekraftwerke.

Das in Deutschland verbrauchte Erdgas wurde 2012 zu 11 % hierzulande gefördert. Größte Lieferanten von Erdgas waren 2012 Russland (31 %), gefolgt von Norwegen (24 %) und den Niederlanden (23 %).

Steinkohle Im Jahre 2018 endet der Steinkohlebergbau in Deutschland, der über viele Jahrzehnte das Rückgrat der deutschen Energieversorgung bildete. Den deutschen Kohlekompromiss von 2007, wonach der Staat die deutschen Bergwerke noch bis 2018 mit öffentlichen Mitteln fördern darf, bestätigte 2010 auch die EU-Kommission. Die letzten drei noch bewirtschafteten Zechen werden bis spätestens Ende 2018 entsprechend schließen.

Im Jahr 2012 betrug die gesamte Steinkohleförderung in Deutschland laut Gesamtverband Steinkohle e. V. (GVSt) ca. 10,8 Mio. t, im Jahr 2010 waren es noch 33,3 Mio. t gewesen. Aber um den inländischen Bedarf an Steinkohle zu befriedigen, wurden im Jahr 2012 ca. 46 Mio. t importiert, was einen Anteil von 81 % am Steinkohleverbrauch in diesem Jahr ausmacht.

Erhebungen der Bundesanstalt für Geowissenschaften und Rohstoffe (BGR) aus 2002 zufolge entfallen von den technisch gewinnbaren Energierohstoffvorräten unter deutschem Boden rd. 22 Mrd. t SKE (Steinkohleeinheit) auf Steinkohlevorkommen (siehe Abb. 2.4). Rechnerisch würden diese Vorräte für Jahrhunderte reichen.

Nach dem Ende der Steinkohleförderung 2018 wird dieser Energieträger in Deutschland nicht vom Markt verschwinden, sondern durch entsprechende Importe ersetzt werden. Steinkohlekraftwerke sind typische Mittellastkraftwerke, da sie relativ schnell hochgefahren werden können, um Last- und Bedarfsschwankungen zu befriedigen. Ihre Wettbewerbsfähigkeit z. B. gegenüber Gaskraftwerken hängt einerseits vom Preis für die Steinkohle und andererseits von ihrer Auslastung ab.

Da die Förderung von Steinkohle weltweit betrieben wird, ist sie im Gegensatz zu Erdöl oder Erdgas geopolitisch kaum als Druckmittel einzusetzen. Sie ist des-

Entwicklung der Marktanteile importierter und heimischer Steinkohle in Deutschland

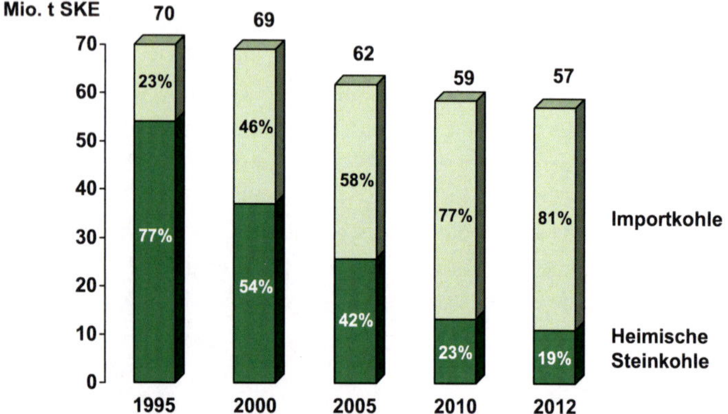

Abb. 2.4 Entwicklung der Marktanteile importierter und heimischer Steinkohle in Deutschland. (Quelle: GVSt)

halb aus unserer Sicht als ein essentieller Bestandteil eines strategischen Energiemixes anzusehen.

Braunkohle Der Einsatz von Braunkohle zur Stromerzeugung ist seit Jahren eine konstante Größe. Wurde im Jahr 2000 insgesamt 27 % der gesamten Bruttostromerzeugung durch Braunkohle bewerkstelligt, lag der Anteil 2012 bei fast konstanten 26 %. (Quelle: bdew, Brutto-Stromverbrauch 10 Jahresvergleich nach Energieträgern).

Die wirtschaftlich gewinnbaren Braunkohlevorräte wurden Anfang 2013 für Deutschland auf ca. 40,4 Mrd. t geschätzt (siehe Abb. 2.5). Genehmigt und geplant hingegen ist in den drei deutschen Revieren (Rheinisches Revier, Mitteldeutsches Revier und Lausitzer Revier) ein Abbau von ca. 4,8 Mrd. t. Rein rechnerisch wären bei einem konstanten jährlichen Abbauvolumen von ca. 183 Mio. t wie im Jahr 2013 erst in über 200 Jahren erschöpft.

Anders als bei Steinkohle wird der Inlandsverbrauch der Braunkohle aus den drei genannten Revieren vollständig gedeckt.

Anlässlich der aktuellen Diskussion über Tagebau hat die Braunkohle laut Deutschem Institut für Wirtschaftsforschung (DIW Berlin) im Dezember 2013 weder eine umweltpolitische noch eine wirtschaftliche Perspektive im deutschen

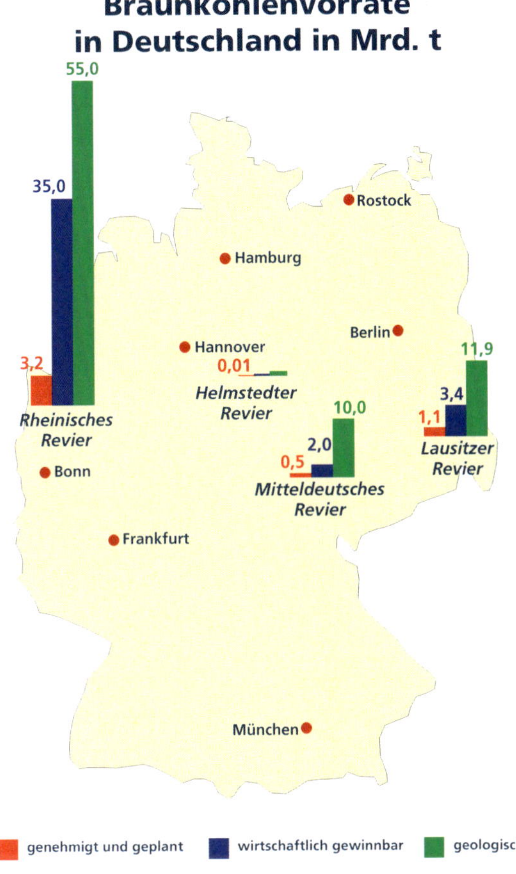

Abb. 2.5 Braunkohlevorräte in Deutschland. (Quelle: DEBRIV)

Stromsystem. In seinem Urteil vom 16. Dezember 2013 hat das Bundesverfassungsgericht den Rechtsschutz von Bürgern, die wegen großer Bergbauprojekte von Enteignung und Umsiedlung bedroht sind, gestärkt. Aktuell hat sich dies zum Beispiel im März 2014 in der Verkleinerung der zum Abbau vorgesehenen Vorräte des Tagebaus Garzweiler II der RWE Power durch die nordrheinwestfälische Landesregierung gezeigt. Bereits im Zulassungsverfahren müssen Behörden künftig auch die privaten Belange betroffener Bürger in einer Gesamtabwägung berücksichtigen und ihnen Klagemöglichkeiten einräumen, so dass davon auszugehen ist, dass Zulassungsverfahren sehr viel länger als bisher bis zu einem Abschluss benötigen.

Da aber der Braunkohlebedarf komplett durch inländische Förderung gedeckt werden kann, gehen wir im Gegensatz zum DIW davon aus, dass dieser Energieträger auch in den nächsten Jahren eine wichtige Rolle im Energiemix spielen wird.

Kernenergie Als Konsequenz aus der Reaktorkatastrophe in Fukushima beschloss das Bundeskabinett im Juni 2011 die Energiewende, der bei einem weiteren Ausbau der erneuerbaren Energien für die Stromversorgung einen stufenweisen Atomausstieg bis 2022 vorsieht. Der Anteil an inländisch erzeugter Kernenergie am Energiemix wird danach gleich Null sein. Hingegen ist es absolut unklar, inwieweit im europäischen Ausland aus Kernenergie erzeugter Strom importiert wird und welchen Anteil diese Importe dann ausmachen. Solange der Atomausstieg nicht europaweit vollzogen wird, ist es illusorisch zu glauben, dass nach 2022 „bei Bedarf" kein Atomstrom in deutsche Netze eingespeist werden wird. Bereits seit Jahren bezieht Deutschland nennenswerte Atomstrommengen aus Frankreich und Tschechien (aktuelle Werte sind unter www.entsoe.net abrufbar).

3 Der zukünftige Energiemix

Das Jahr 2013 hat für die regenerativen Energien einen historischen Höchststand bei der Brutto-Stromerzeugung gebracht. Ihr Anteil wuchs gegenüber 2012 um 1 auf 23,8 %. Eine detaillierte Aufteilung der Anteile der einzelnen Energieträger an der Brutto-Stromerzeugung zeigt Abb. 3.1.

Um eine möglichst vollständige Stromversorgung mit regenerativen Energien zu gewährleisten, ist zu fragen, ob Windkraft, Photovoltaik, Wasser und Biomasse langfristig das Potenzial besitzen, den Anteil von Kernenergie, Steinkohle und Braunkohle vollständig zu ersetzen.

Die Ziele des Energiekonzeptes der Bundesregierung aus dem Jahr 2011 sowie des Koalitionsvertrages 2013 sind eindeutig: Nach der Abschaltung der Atomkraftwerke 2022 soll der Anteil regenerativer Energien an der Stromerzeugung bei 40 bis 45 % liegen und im Jahr 2050 bei dann 80 % (siehe Abb. 3.2).

Wir sprechen also über eine Steigerung von insgesamt über 240 % in den kommenden 36 Jahren oder über eine jährliche Steigerung von ca. 3,5 %. Um dieses Ziel zu erreichen, ist entscheidend, sich die einzelnen Potenziale der regenerativen Energien anzuschauen, um frühzeitig sinnvolle Fördermaßnahmen und politische Steuerungen vornehmen zu können.

Regenerative Energien In ihrem Buch „Energie. Die Zukunft wird erneuerbar" unterscheiden die Autoren Thomas Schabbach und Viktor Wesselak den Potenzialbegriff für Energieträger wie folgt: „*Das theoretische Potenzial bezeichnet die physikalisch maximal erschließbare Energiemenge eines Energieträgers oder einer Energiequelle. Dabei dürfen auch Technologien vorausgesetzt werden, die zwar noch nicht konkret vorliegen, aber mit den derzeitigen natur- und ingenieurwissenschaftlichen Kenntnissen begründet werden können. Das technische Potenzial schränkt das theoretische Potenzial hinsichtlich des Stands der Technik sowie verfügbarer Standorte und Produktionskapazitaten ein. Das wirtschaftliche Potenzial begrenzt das technische Potenzial hinsichtlich ökonomischer Randbedingungen*

M. Bauer et al., *Energiewirtschaft 2014,* essentials, DOI 10.1007/978-3-658-06409-9_3

Brutto-Stromerzeugung
nach Energieträgern 2013

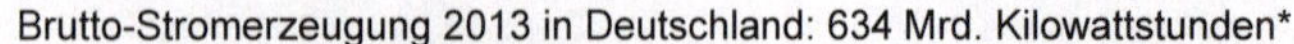

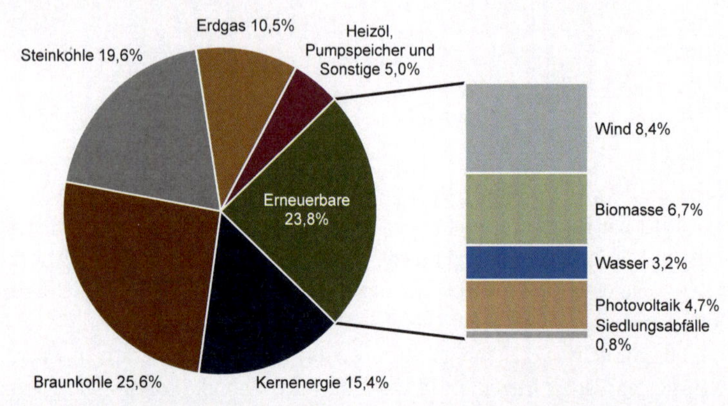

BDEW Bundesverband der Energie- und Wasserwirtschaft e.V.

Abb. 3.1 Brutto-Stromerzeugung 2013 in Deutschland. (Quelle: BDEW)

und das Erwartungspotenzial schließlich bezieht Markteinführungsgeschwindigkeiten und andere Hemmnisse mit ein." (Seite 156)

Dass sowohl Sonne wie auch Wind das theoretische Potenzial besitzen, die zukünftige Stromversorgung vollständig zu gewährleisten, ist unstrittig. Man müsste dazu nur eine hinreichend große Fläche mit Photovoltaikelementen bestücken (das Portal Fotovoltaikanlagen.net schätzt diese Fläche auf ca. 2 % der Gesamtfläche Deutschlands) bzw. eine hinreichende Anzahl von Windkrafträdern (vermutlich vier- bis fünfmal mehr als heute) in Betrieb nehmen. Ob dieses politisch durchsetzbar ist, muss allerdings bezweifelt werden, zumal sich schon heute ein gesellschaftlicher Streit über dringend benötigte Stromtrassen für den Transport von durch offshore Windparks erzeugte Energie nach Süddeutschland abzeichnet.

Laut Bundesministerium für Umwelt, Naturschutz, Bau und Reaktorsicherheit sind die Potenziale der *Wasserkraft* in Deutschland bereits zu einem großen Teil erschlossen. Entsprechend lag sein Nutzungsgrad 2012 bei 87 %. Die Nutzung von *Bioenergie* soll zwar weiter ausgebaut werden, aber die technisch nutzbaren Potenziale sind dafür in Deutschland gleichwohl begrenzt. Im Bereich der Land- und Forstwirtschaft steht aus gutem Grund nur ein Teil der 17 Mio. ha landwirtschaft-

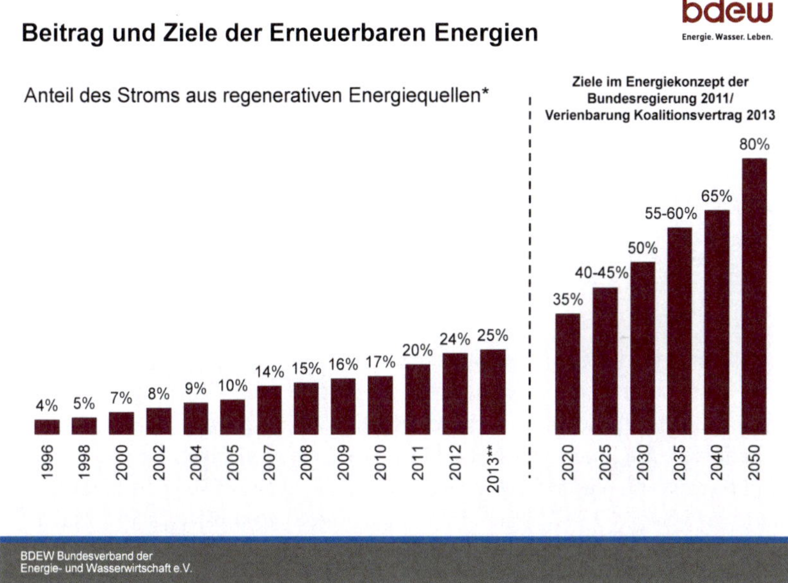

Abb. 3.2 Beitrag und Ziele der erneuerbaren Energien. (Quelle: BDEW, Stand 12/2013)

lich genutzter Fläche (ca. 12 Mio. ha Ackerfläche und ca. 5 Mio. ha Grünlandfläche) und der 11 Mio. ha Waldfläche für die Bereitstellung von Biomasse zur Verfügung, da die Herstellung von Lebensmittel immer absoluten Vorrang besitzen sollte. Deshalb werden wir auf diese beiden oben genannten Energieträger Wasser und Biomasse bei der Betrachtung der wirtschaftlichen Potenziale nicht weiter eingehen.

2010 veröffentliche das BMU in seiner Broschüre „Erneuerbare Energien in Zahlen – nationale und internationale Entwicklung" Zahlen über das technische Potenzial der regenerativen Energien und ihre Nutzung im Jahr 2009, die wir in Tab. 3.1 mit den BMU-Zahlen über die Nutzung im Jahr 2012 ergänzt haben.

Auch wenn aufgrund neuer Technologien das technische Potenzial regenerativer Energien heute vermutlich in Teilen höher eingeschätzt werden würde, unterstreichen die Daten die Aussage des BMU, dass Wasserkraft und Biomasse ihre Potenziale fast ausgeschöpft haben, während Wind (offshore) und Geothermie ihre technischen Potenziale noch nicht einmal ansatzweise ausschöpfen und heute im Energiemix eine äußerst bescheidene Rolle spielen.

Um die wirtschaftlichen Potenziale der einzelnen Energieträger besser vergleichen zu können, bietet sich am besten der Begriff der Volllaststunde an. Die Voll-

Tab. 3.1 Technisches Potenzial der regenerativen Energien in Deutschland. (Quelle: Bundesministerium für Umwelt (Hg.): Erneuerbare Energien in Zahlen – nationale und internationale Entwicklung. Berlin (2010 und 2013))

Stromerzeugung	*Energie in TWh/a*	*Nutzung 2009*	*Nutzung 2012*
Wasserkraft	25	76	87 % (21,793 TWh)
Wind (onshore)	110	34	45 % (49,948 TWh)
Wind (offshore)	300	0	0,6 % (0,722 TWh)
Biomasse	60	51	72 % (43,55 TWh)
Photovoltaik	115	5	23 % (26,380 TWh)
Geothermie	90	0	0,03 % (0,0254 TWh)

laststunde ist ein rechnerischer Wert und gibt an, wie hoch die Ausnutzung eines Kraftwerks ist; also wie viele Stunden eine Anlage unter Volllast gelaufen wäre, um seine letztendliche Jahresenergieproduktion zu erreichen, d. h. Stillstände wie auch mindere Auslastungen werden in die Volllast eingerechnet.

Ein Kraftwerk, das die 8760 h eines Jahres 100 % seiner Nennleistung ins Netz abgibt, erreicht 8760 Volllaststunden oder 100 % der maximalen Jahresleistung.

Eine BDEW-Statistik (Abb. 3.3) gibt einen anschaulichen und guten Einblick in die Verteilung der Volllaststunden auf die einzelnen Energieträger. Stand ist hier das Jahr 2012.

Mittlerweile geht man davon aus, dass es die Sonne in Deutschland auf 1500 Volllaststunden, der Onshore-Wind auf 2500 und der Offshore-Wind auf 4500 Volllaststunden bringen.

Der Grund für die begrenzte Verfügbarkeit von Wind und Sonne erklärt sich aus der Lage Deutschlands auf der Nordhalbkugel der Erde. Mehr Sonneneinstrahlung ist nicht möglich, und die Klima- und Wetterbedingungen für Solar- und Windenergie sind dadurch vorgegeben.

Tatsächlich erzeugen Windräder auch bei wenig Wind Strom, eben nur keine Volllast, und Photovoltaik-Anlagen erzeugen auch bei diffusem Licht Strom. Die Abhängigkeit von Windkraftanlagen von klimatischen Bedingungen beschreibt das Fraunhofer Institut IWES im *Windenergiereport Deutschland 2012 für offshore-Anlagen:* „Trotz des Zubaus von zusätzlich installierter Leistung liegt die Leistungsdauerlinie 2012 aufgrund des schwächeren Windangebots nur sehr knapp über dem Verlauf von 2011. Leistungen im Bereich zwischen 11,6 und 6,6 GW kamen sogar seltener vor als im Vorjahr. Während der Hälfte des Jahres 2012 wurde mindestens eine Leistung von 3900 MW erzielt. In den 1877 windreichsten Stunden wurden 50 % des Jahresertrags 2012 eingespeist. Die maximale Leistung wurde am 3. Januar erreicht. Sie betrug mit 24.086 MW etwa 78 % der in Deutschland installierten Nennleistung.“

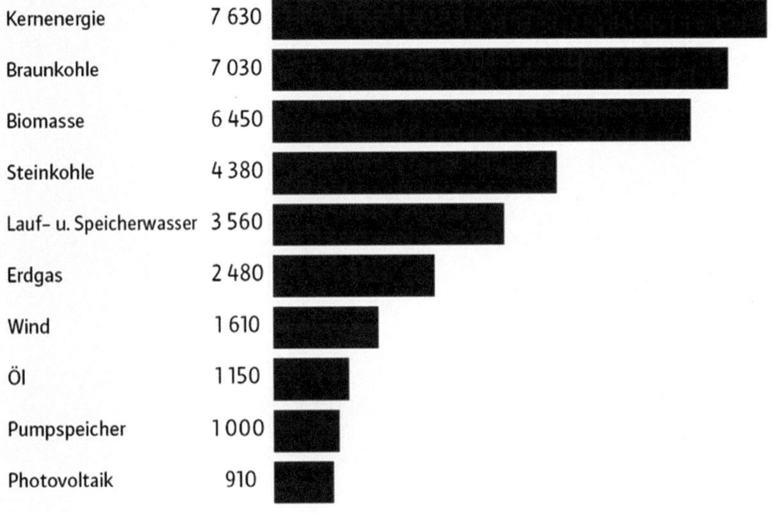

Abb. 3.3 Jahresvolllaststunden der deutschen Kraftwerke 2012. (Quelle: BDEW)

Bei Onshore-Anlagen können Ausgleichseffekte zum Tragen kommen. Ausgleichseffekte entstehen durch eine Vielzahl an Anlagen an sehr unterschiedlichen Standorten mit sich deutlich unterscheidenden Wetterverhältnissen: Wenn auf den Höhen des Hunsrück der Wind bläst, kann es in der Norddeutschen Tiefebene windstill sein.

Zu einer etwas kritischeren Einschätzung kommt Ahlborn in seiner Studie *Statistik und Verfügbarkeit von Wind- und Solarenergie in Deutschland*, die die Daten für das Jahr 2012 analysiert und in Abb. 3.4 graphisch visualisiert.

Ahlborn folgert: „*Das Häufigkeitsdiagramm zeigt, dass die summarische Leistung aus Wind- und Sonnenenergie an 90 Tagen im Jahr (3 Monaten) unter 3.200 MW (entsprechend 5 % der installierten Leistung) und an 180 Tagen (6 Monaten) unter 6.550 MW (entsprechend 10 % der installierten Leistung) liegt. Während eines halben Jahres stehen die sogenannten erneuerbaren Energien nur zu einem Bruchteil der Nennleistung zur Verfügung.*“

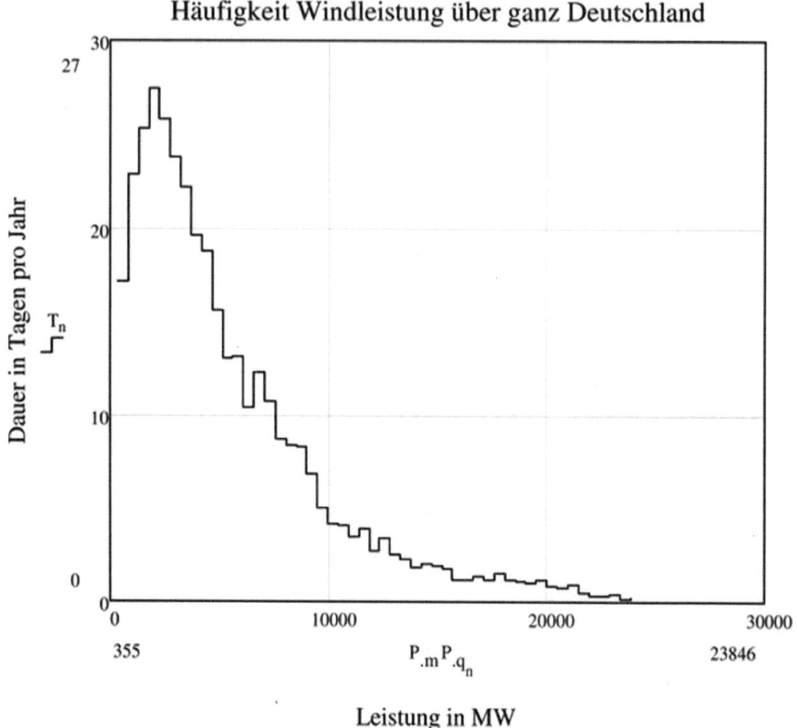

Abb. 3.4 Häufigkeit von Wind- und Solarleistung über ganz Deutschland 2012. (Aus: Ahlborn: Statistik und Verfügbarkeit von Wind- und Solarenergie in Deutschland 2012)

Fazit Selbst wenn hinreichend Solarmodule und Windkrafträder installiert sein sollten, um den deutschen Strombedarf durch diese Energieträger zusammen mit Wasserkraft und Biomasse theoretisch vollständig zu decken, würden durch klimatische Schwankungen immer wieder Energielücken entstehen, die durch andere Energieträger oder Lösungen überbrückt werden müssen.

Um solche Versorgungslücken aufzufangen, gibt es prinzipiell drei Möglichkeiten:

1. Zuschaltung von Kraftwerken mit fossilen Brennstoffen wie Stein- und Braunkohle bzw. Erdgas: Diese Lösung entspricht dem heutigen Stand der Technik. Die Wirtschaftlichkeit ist aber aufgrund der Importabhängigkeit bei Steinkohle und Erdgas von der jeweiligen Marktlage sowie der Nachfrage und damit der Auslatung dieser Kraftwerke abhängig.

2. Ausbau einer effizienten Speichertechnologie: Die Forschung an effizienten Speichertechnologien beginnt gerade erst, und es werden vermutlich noch einige nächsten Jahrzehnte bis zu einem flächendeckenden Einsatz benötigt werden. Eine Studie der DB Research vom Januar 2012 kommt zum Ergebnis:

> Das heutige Marktvolumen für die Bereitstellung von Regelleistungen über Zeiträume von wenigen Stunden und Tagen wird sich mittelfristig (bis 2025) mehr als verdoppeln. Flexible, heute weitgehend verfügbare Stromspeicher wie PSW (Pumpspeicherwerke), SpeicherKW und Druckluftspeicher können künftige Flexibilitätsbedürfnisse befriedigen.... Auf lange Sicht (bis 2040) entsteht neben einem moderat wachsenden kurzfristigen Speicherbedarf die Notwendigkeit, auch Schwankungen des Angebotes elektrischer Energie über Wochen hinweg auszugleichen. Überdies sind Strommengen saisonal zu speichern, um die Versorgung während der Wintermonate zu ermöglichen. Bis dahin müssen die chemischen Speichertechnologien noch erforscht und entwickelt werden.

3. Eine erneuerbare Energie zu nutzen, die genau diesen Bedarf erfüllt: Kurioser Weise fehlt bei allen Überlegungen zu einem zukünftigen Energiemix aus regenerativen Energieträgern die Frage, ob es einen erneuerbaren Energieträger gibt, der in der Lage ist, auch dann Energie in einem ausreichenden Maße zu liefern, wenn die Sonne nicht scheint und der Wind nicht weht, 8760 h im Jahr abrufbar ist und dezentral über die gesamte Bundesrepublik verteilt verfügbar ist. Die Antwort lautet: Tiefe Geothermie.

4 Das thermische Regime der Erde und Geothermie

Geothermie bedeutet Erdwärme und ist die unterhalb der festen Oberfläche der Erde gespeicherte Wärmeenergie. Je tiefer man in das Innere der Erde vordringt, desto wärmer wird es. In Mitteleuropa nimmt die Temperatur um etwa 3 °C pro 100 m Tiefe zu. Man geht davon aus, dass im Erdkern Temperaturen von etwa 5.000–7.000 °C erreicht werden. In menschlichen Zeiträumen gemessen ist diese Energie unerschöpflich und zudem absolut CO_2-frei, da bei seiner Gewinnung keine Stoffe verbrannt werden.

Heiße Wasserquellen wurden schon in der Antike von der Bevölkerung lebhaft genutzt. Leider gibt es sie in Deutschland nicht in ausreichendem Maße, aber mittlerweile sind die heißen Wasservorkommen auch hierzulande entsprechend nach der Tiefe klassifizierbar, sie liegen gewöhnlich in 3000 bis 5000 m Tiefe. Sogenannte „Hot Spots", also Gesteinsregionen mit überdurchschnittlich hohen Temperaturen, sind von besonderem Interesse und in einer Vielzahl ebenfalls bekannt (siehe Abb. 4.1). Es sollte jedoch nicht unerwähnt bleiben, dass auch heute noch hochauflösende lokale Exploration hoher, dezentral zielorientierter Forschungsaktivität bedarf, deren Erfolg entscheidend vom geeigneten Einsatz mathematisch/physikalischer Methoden und Verfahren abhängt.

Wie man aus heißem Wasser Strom erzeugt, ist bekannt. Aufgrund der vergleichsweise niedrigen vorzufindenden Wassertemperaturen, hat sich bei deutschen Geothermieanlagen der ORC-Prozess durchgesetzt (ORC bedeutet: Organic Rankine Cycle), bei dem das Thermalwasser eine organische Flüssigkeit mit niedrigerer Verdampfungstemperatur erwärmt, deren Dampf dann die Turbine zur Stromerzeugung antreibt. Der kompliziertere Kalina-Prozess, der das anorganische Ammoniak als Wärmetauscher einsetzt, wurde weltweit erst in wenigen Kraftwerken realisiert.

Geothermie-Kraftwerke können Strom aber auch Wärme produzieren. Eingeschleust wird die Warme in das Fernwarmenetz. Um Fernwärme zu produzieren, benötigt man Thermalwasser mit einer Temperatur von mehr als 80 °C. Für die

M. Bauer et al., *Energiewirtschaft 2014*, essentials, DOI 10.1007/978-3-658-06409-9_4

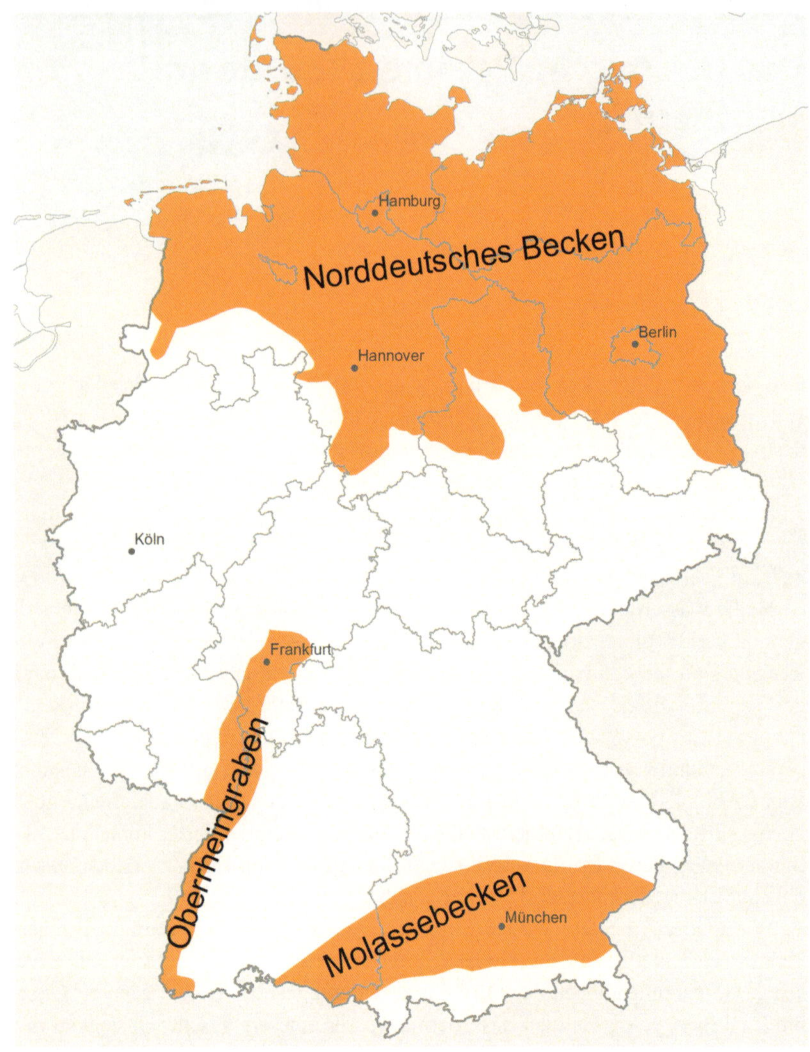

Abb. 4.1 Übersicht über Gebiete, die für eine hydrogeothermische Nutzung möglicherweise geeignet sind, © LIAG Hannover

Stromerzeugung sind Temperaturen von über 120 °C aus Gründen der Wirtschaftlichkeit vorteilhaft. Je nach geothermischer Tiefenstufe, die lokal schwanken kann, sind in der Regel Bohrtiefen von >2.000 m erforderlich, um an entsprechend heißes Wasser für die Stromerzeugung zu gelangen.

Die Herausforderung lautet: Wie bekommt man die Wärme mit möglichst geringem Aufwand und mit vertretbarem Risiko an die Tagesoberfläche und kann Geothermie mittelfristig die Kernenergie als Grundlastträger ablösen, d. h. im Strommix einen Anteil von ca. 8 bis 10 % übernehmen? Umgerechnet in Mrd. kwh ist zu fragen, ob die Geothermie seine Leistung von aktuell ca. 0,31 Mrd. kwh auf ca. 60 Mrd. kwh erweitern kann und was dafür notwendig wäre.

Das Potenzial Die TAB-Arbeitsbericht Nr. 84 vom Februar 2003 zum Potenzial der Tiefen Geothermie in Deutschland sieht ein Potenzial von 500 Mrd. kwh allein bei den oben beschriebenen hydrothermalen Kraftwerksanlagen (also Anlagen, bei denen das in der Erde vorhandene heiße Wasser als Wärmetauscher eingesetzt wird).

Bei petrothermalen geothermischen Kraftwerksanlagen wird das Potenzial sogar auf 10.000 Mrd. kwh geschätzt. Petrothermal bedeutet, dass im Gestein bestehende Klüfte ausgeweitet oder aufgebrochen werden. In die so entstandenen Risse wird dann kaltes Wasser gepresst, das sich erhitzt und durch eine zweite Bohrung wieder an die Oberfläche gepumpt wird. Da hier aber noch ein hoher F&E-Bedarf besteht, ist mit einem mittelfristigen Einsatz von petrothermalen Kraftwerksanlagen in Deutschland nicht zu rechnen. Wir werden deshalb diesen Aspekt der Tiefen Geothermie nicht betrachten.

Die aktuelle **wirtschaftliche Nutzung** von hydrothermalen geothermischen Kraftwerksanlagen stellt sich wie folgt dar. Stand November 2013 erzeugen 7 Tiefe Geothermie-Kraftwerke rund 0,31 Mrd. kwh. Rein rechnerisch müssten also ca. 1.500 neue Tiefe Geothermie-Kraftwerke gebaut werden, um den gewünschten Bedarf zu decken. D. h. in jedem geologisch geeigneten Gewerbegebiet müsste ein entsprechendes geothermisches Kraftwerk stehen. In Bau oder Planung befinden sich aktuell aber nur ca. 57 Kraftwerke mit einer erwarteten Gesamtleistung von 0,40 Mrd. kwh. Von den festgestellten 500 Mrd. kw-Potenzial werden also in den kommenden Jahren gerade einmal rund 0,14 % abgerufen.

Die oberflächennahe Geothermie (also eine Bohrtiefe bis 400 m), die primär zu Wärmeerzeugung in Haushalten verwendet wird, ist hingegen in Deutschland auf dem Vormarsch. Derzeit sind rund 318.000 oberflächennahe Geothermieanlagen in Betrieb, im Jahr 2013 kamen allein 21.100 neue Anlagen hinzu.

Das Potenzial Tiefer Geothermie für die Stromversorgung wie auch Kraft-Wärme-Kopplung in Deutschland ist also unbestritten. Da die Erdwärme sprichwörtlich unter unseren Füßen ist, würde deren konsequente Nutzung die Abhängigkeit von Energieimporten bei Erdgas, Steinkohle und Erdöl verringern und einen wesentlichen Beitrag zur Grundlastsicherung der Stromversorgung leisten.

Wenn aber nur rund 0,14 % des hydrothermalen Geothermie-Potenziales in den kommenden Jahren für die Stromgewinnung ausgeschöpft wird, stellt sich zwangsläufig die Frage ein: Warum sind noch nicht mehr geothermische Stromkraftwerke am Netz oder werden gebaut? Gibt es technische Hindernisse, die einem verstärkten Ausbau entgegenstehen? Warum wird in der aktuellen Diskussion um die Novellierung des Erneuerbaren-Energie-Gesetzes (EEG) ausschließlich über die Potenziale und wirtschaftliche Bedeutung von Wind- und Sonnenenergie diskutiert und nicht über eine verstärkte geothermische Energieversorgung, die verbrauchernah Strom und Wärme bereitstellen kann?

Das Risiko Technische Hindernisse für einen verstärkten Einsatz von tiefengeothermischen Kraftwerken gibt es nicht. Sowohl Bohrtechnik wie auch die Energieumwandung mittels ORC sind seit Jahren erprobt und im Einsatz. Aber im Gegensatz zu Solarzellen, die gesellschaftlich voll akzeptiert sind, und Windkrafträdern, gegen die sich nur lokaler Widerstand wegen möglicher „Verspargelung" regt, ansonsten wie Solarzellen gesellschaftlich akzeptiert sind, stößt Tiefe Geothermie zunehmend auf breiten Widerstand wenn nicht gar kategorische Ablehnung: Der Grund dafür liegt in der induzierten Seismizität.

Was bedeutet „induzierte Seismizität" konkret:

Das Informationsportal Tiefe Geothermie gibt folgende anschauliche Erklärung: „*Die Gesteinsschichten der kontinentalen Erdkruste sind von unzähligen Rissen und Brüchen aller Größenordnungen und verschiedener Orientierung durchzogen. Durch tektonische Bewegungen der Erdkruste werden Spannungen im Gestein aufgebaut, die sich durch plötzliche ruckartige Verschiebungen entlang dieser Risse und Brüche entladen können. Gerade in hochgespannten bzw. tektonisch aktiven Regionen wie dem Oberrheingraben finden solche seismischen Ereignisse fast täglich statt, wobei die meisten nur mittels empfindlicher Messgeräte wahrgenommen werden können. Für den Menschen spürbar werden seismische Ereignisse erst ab einer gewissen Mindeststärke. Diese ist regionsabhängig und liegt in der Regel zwischen Magnitude 2 bis 2,5 auf der Richterskala. Werden die Beben in großer Tiefe ausgelöst, verspürt man sie in der Regel erst ab einer Magnitude von 3. Liegt der Herd der Erschütterung oberflächennah, werden von der Bevölkerung vereinzelt auch schwächere Beben wahrgenommen. Diese fallen auch deshalb auf, weil ein lauter Knall damit verbunden sein kann. Schäden treten meist erst ab Magnituden über 4,5 auf.*

*Von **induzierter Seismizität** im Gegensatz zu natürlicher Seismizität spricht man, wenn infolge menschlicher Aktivitäten, wie beispielsweise durch die Förderung von Erdöl- und Erdgas, durch Berg- und Tunnelbau, das Füllen von Staudämmen und auch durch hydro- und petrothermale Geothermie Mikro- und Schwachbeben erzeugt werden.*"

Die von Tiefer Geothermie induzierte Seismizität ist leider noch nicht grundlegend erforscht worden, auch wenn man mittlerweile eine Vielzahl von Einflussfaktoren kennt, die sowohl bei der Errichtung als auch bei dem Betrieb von Anlagen seismische Aktivität induzieren können.

Dies sind beispielsweise:

- Einpressgeschwindigkeit, Einpressdruck, Einpressmenge und Einpressdauer (Anfangsparameter)
- Einpressbereich (Bohrlochabschnitt)
- Chemische und physikalische Fluideigenschaften (Dichte und Viskosität)
- Lage und Ausmaß angeschlossener Horizonte bzw. Störungszonen (Ort und Zeit).

Aber wie R. Fritschen und H. Rüter in ihrem Beitrag „Induzierte Seismizität – ein Problem der Tiefen Geothermie?" 2010 feststellten, lässt die Vielzahl und große Heterogenität der Einflussfaktoren auf induzierte Seismizität erwarten, „dass es gelingen wird, durch eine geeignete Wahl dieser Größen (‚Stellschrauben') die Gefahr Induzierter Seismizität besser zu beherrschen, genauer gesagt, die induzierten Ereignisse in einem Magnitudenbereich möglichst unterhalb der Fühlbarkeit und erst recht unterhalb der Schadensgrenze zu halten.

Um induzierte Seismizität und damit Folgeschäden an Gebäuden möglichst auszuschließen und somit Akzeptanz für Tiefe Geothermieprojekte zu schaffen, ist es also sinnvoll, deren Einflussfaktoren intensiv zu erforschen. Diese Forschung muss mit dem gleichen Nachdruck wie für zukünftige Speichermedien weitergeführt werden. Nur wenn wir wissen, welche Handlung zu welchem Ereignis führt, kann ein Normenkatalog für Tiefe Geothermiebohrungen aufgestellt werden, anhand dessen solche Projekte in großem Umfang sicher und erfolgreich durchgeführt werden können. Mit einem Normenkatalog, an dem sich Betreiber, bewilligende Behörden wie auch die Bevölkerung orientieren können wird auch die gesellschaftliche Akzeptanz für Tiefe Geothermie steigen. Da hier schon die Forschung viele Erkenntnisse gesammelt hat, ist davon auszugehen, dass gegenüber der Entwicklung von effizienten Speichertechnologien, die abschließende Erforschung der Ursachen von induzierter Seismizität bei Geothermiebohrungen in den nächsten 10 Jahren erfolgen kann.

Die politische Situation in Deutschland *„Die geothermische Zukunft hat in Deutschland längst begonnen. ... Die Bundesregierung will die Geothermie weiter ausbauen und ihr eine verlässliche Perspektive geben"* schrieb das Presse- und Informationsamt der Bundesregierung am 20. Mai 2011 im Auftrag der Bundeskanzlerin und promovierten Physikerin Dr. Angela Merkel als Antwort auf eine Anfrage bezüglich der Folgen von Fukushima. Diese drei Jahre alte Aussage der Bundeskanzlerin verheißt eine gute Zukunft für die Geothermiebranche. Aber wo stehen wir heute?

Der Koalitionsvertrag „Deutschlands Zukunft gestalten" zwischen CDU, CSU und SPD bildet die Basis für das Handeln der Bundesregierung in der 18. Legislaturperiode 2013–2017. Kapitel 1.4 dieses Vertrages befasst sich auf über 13 Seiten mit der Energiewende: „Die Energiewende zum Erfolg führen" heißt es vielversprechend. Allerdings kommen die Wörter „Erdwärme" oder „Geothermie" nicht vor, obwohl andere erneuerbare Energien dezidiert besprochen werden und Handlungsfelder für die nächsten Monate, insbesondere vor dem Hintergrund der anstehenden Novellierung des seit 2012 geltenden „Gesetzes zur Neuregelung des Rechtsrahmens für die Förderung der Stromerzeugung aus Erneuerbaren Energien" angekündigt werden.

Aufhorchen lässt im Koalitionsvertrag das Unterkapitel „Klimafreundlicher Wärmemarkt" mit der Aufforderung, dass der Ausbau Erneuerbarer Energien zur Wärmenutzung vorangetrieben werden muss. Damit kann nach Einschätzung der Verfasser nicht nur die Nutzung „von Strom, der ansonsten abgeregelt werden müsste, für weitere Anwendungen, etwa im Wärmemarkt", gemeint sein. Der Wärmemarkt sollte deshalb für Geothermieprojekte verstärkt in den Fokus von Investoren rücken, da bisher schon Geothermie nutzende Heizwerke auch ohne staatliche Hilfe aus sich heraus wirtschaftlich waren.

Im Eckpunkte-Papier des Bundesministeriums für Wirtschaft und Energie vom 17. Januar 2014 zur Reform des EEG wird zur Geothermie auf folgende Sachverhalte hingewiesen:

- *„Bei der Geothermie ... sind aufgrund der Marktentwicklung keine Maßnahmen zur Mengenteuerung erforderlich."* (Seite 7)
- *„Die Förderung der Geothermie wird im Grundsatz fortgeführt. Der Technologiebonus wird gestrichen."* (Seite 11)
  Anmerkung der Verfasser: Der Wegfall des Technologiebonus betrifft ausschließlich petrothermale Projekte, die eine Energiegewinnung aus dem Gestein selbst ermöglichen und so weitgehend unabhängig von Wasser führenden Strukturen sind.

Das neue Erneuerbare-Energien-Gesetz (EEG) wird vermutlich zum 01. August 2014 in Kraft treten. Die erforderliche Planungssicherheit rückt damit näher. Spätestens bis dahin müssen sich Investoren in Geothermieprojekte, die Strom als Hauptumsatzträger haben, noch gedulden, bis sie endgültige Entscheidungssicherheit haben. Es bleibt zu hoffen, dass diese Regelungen über mehrere Legislaturperioden Bestand haben und den Investitionszeiträumen entsprechen. Ob die alten Regelungen für hydrothermale Projekte vollumfänglich weiterhin Bestand haben (aus Sicht der Branche die Mindestforderung) oder ob neue Vorgaben kommen, ist zurzeit unklar.

Langfristige Investitionsentscheidungen kollidieren mit politischer Verlässlichkeit, was sich insbesondere am Mechanismus der Höhe der EEG-Vergütung festmachen lässt: Zwischen Investitionsentscheidung und erster, vergütungsrelevanter Stromlieferung liegen häufig mehr als fünf Jahre. Da die Höhe der für 20 Jahre gesicherten Vergütung von der ersten Stromeinspeisung abhängt, können Verzögerungen im Projekt oder geänderte politische Rahmenbedingungen die Wirtschaftlichkeit der Investitionsentscheidung empfindlich beeinflussen. Eine Mischung aus einer Förderung in der Bohr- und Bauphase (wie in der Schweiz) und einer geringen Vergütung während des Betriebs wären für ein Geothermievorhaben aus Investorensicht passender.

Einschub: Was macht Frankreich? Frankreich, das seinen Strom zum überwiegenden Anteil aus Kernenergie produziert, setzte 2013 ein Signal in seiner nationalen Diskussion zur Energiewende. Das Land will bis 2020 knapp ein Viertel seines Endenergieverbrauchs aus Erneuerbaren Energien decken. Im Rahmen des Programms für Zukunftsinvestitionen wurde ein Aufruf zur Interessensbekundung für Geothermie veröffentlicht. Das Ministerium bearbeitet gegenwärtig 18 Anträge zur Erteilung von Sondergenehmigungen für die Erforschung von tiefengeothermischen Hochtemperatur-Lagerstätten. Einige dieser Anträge beinhalten auch Pilotprojekte für Demonstrationsanlagen. (Quelle: idw-online)

Etwa 60 geothermische Heizzentralen sind im Land derzeit in Betrieb, rund die Hälfte im Pariser Becken und im Südwesten Frankreichs. Diese werden, gekoppelt mit einer Spitzenlastanlage, vor allem für die Wärmeversorgung von städtischen Wohnquatieren verwendet. In Frankreich wird schon seit 1969 geothermische Energie zur Wärmeversorgung in inzwischen 36 Heizwerken genutzt. Mittlerweile wird jedes zehnte Fernwärmenetz von Geothermie gespeist. Die älteste Anlage in Melun L'Almont ist immer noch im Betrieb. Der Flughafen Orly ist das bekannteste Objekt. In Neuilly-sur-Marne, 13 km östlich von Paris, ist eine neue geothermische Wärmeversorgung geplant. Hier möchte man 61 % geothermische Wärme und 39 % Gas einsetzen. Die geothermische Wärme soll aus ca. 1.800 m Tiefe in Form von bis zu 65 °C heißen Tiefengrundwasser gefördert werden mit einer Förderrate von ca. 80 L pro Sekunde.

Insgesamt werden derzeit mittels 36 geothermischer Anlagen etwas 140.000 Wohneinheiten mit ca. 500.000 Personen versorgt. Bis zum Jahr 2020 sollen 23 % des gesamten Energieverbrauchs in Frankreich durch erneuerbare Energien gedeckt werden. Um diese Ziele zu erreichen, wird vor allem der Wärme eine große Rolle zugedacht. Die Geothermie soll in diesem Zusammenhang die Wärmeproduktion in der Region Ile.de.France bis 2020 verdoppeln und somit 13 % der Wärmeversorgung abdecken. Ein weiterer Schwerpunkt liegt auf dem Ausbau und der Verdichtung des Fernwärmenetzes. Zu den bereits mittels geothermischer Fernwärme versorgten 140.000 Wohneinheiten sollten bis 2020 weitere 450.000 Wohneinheiten in der Region hinzukommen.

5 Schlussfolgerung

Wenn rund 33 % des deutschen Primärenergiebedarfs bzw. 61 % der deutschen Stromerzeugung durch Erneuerbare Energien ersetzt werden sollen, müssen neue, innovative Wege gefunden werden, viele Fragen müssen beantwortet werden:

1. Strom aus Wind und Sonne werden sicher einen wesentlichen Beitrag leisten, aber was ist wenn der Wind nicht weht, die Sonne nicht scheint? Die Frage der Netzstabilität ist zu klären in Abhängigkeit von Stromanfall und Verbrauch.
2. Wirtschaftlich relevante Speichertechnologien stehen noch am Anfang von Forschung und Entwicklung und dürften im Zeitraum bis 2022 ebenfalls keine nennenswerte Rolle spielen.
3. Fehlende Speicherkapazität verlangt zunehmenden Energietransport. Hier zeigt sich die Geschwindigkeit der Energiewende auch durch den zunehmenden Widerstand innerhalb der Bevölkerung gegen Überlandstromtrassen nicht konform mit dem Ausbau der Netzstruktur.
4. Auch zeigen sich bereits gegen Projekte erneuerbarer Energien (insbesondere bei Windkraftwerken) lokale Widerstände durch die Bürgerschaft, d. h. von grundsätzlicher Akzeptanz darf auch hier nicht ausgegangen werden. Zusätzliche Pumpspeicherkraftwerke oder neue Übertragungsnetze haben mittlerweile wie alle großen Infrastrukturmaßnahmen mit massiven Akzeptanzproblemen zu kämpfen.
5. Die Diskussion konzentriert sich weitgehend auf die „Edelenergie" Elektrizität. Dem Wärmemarkt und seiner Importabhängigkeit wird viel zu wenig Aufmerksamkeit geschenkt. Der Hamburger Energieökonom Buckold formuliert deshalb in seiner im Dezember 2013 veröffentlichten Kurzstudie „Fossile Energieimporte und hohe Heizkosten" im Auftrag der Bundestagsfraktion Bündnis 90/Die Grünen, dass fossile Energieimporte und hohe Heizkosten große Herausforderungen für die deutsche Wärmepolitik darstellen, da 2013 ca. 3,5 % des deutschen BIPs für Importe fossiler Energieträger aufgebracht werden muss-

M. Bauer et al., *Energiewirtschaft 2014,* essentials, DOI 10.1007/978-3-658-06409-9_5

ten; 2003 lag der Betrag bei 1,6 % des BIP. http://www.energycomment.de/fossile-energieimporte-und-hohe-heizkosten-neue-studie-von-energycomment/.

Soll die Energiewende in Deutschland gelingen, benötigen wir einen Energieträger, der nicht von wetterbedingten Schwankungen abhängig ist, der wichtiger Grundlastträger ist, weitestgehend lokal produziert werden kann und das BIP durch Importunabhängigkeit entlasten kann.

Aus vorgenannten Gründen und Überlegungen kann nur die Tiefe Geothermie diese Rolle ausfüllen. Im „Handbuch Tiefe Geothermie" wurde dieser Energieträger wie folgt charakterisiert:

- **Globales permanentes Energiepotential:**
  Die Erde ist ein heißer Planet: mehr als 99 % der Erde sind heißer als 1.000 °C. Die Erdkruste bietet deshalb ein so großes Energiepotential, das der Energiebedarf für einen Zeitraum von mehr als hunderttausend Jahren gesichert ist.
- **Keine Importabhängigkeit:**
  Erdwärme ist überall in Deutschland vorhanden und muss somit nicht importiert werden. Sie leistet damit einen Beitrag zur geopolitischen Unabhängigkeit.
- **Saisonale Unabhängigkeit:** Geothermische Technologie ist nicht abhängig von irgendwelchen Wetterphänomenen (wie Sonnen- und Windeinfluss) und ist überall und jederzeit im Erdinnern verfügbar. Eine verlustbehaftete Speicherung zwischen Erzeugung und Verbrauch ist nicht erforderlich.
- **Lokal – keine Überlandtrassen:**
  Schon jetzt kann Strom und Wärme im bayrischen Molassebecken, im Oberrheingraben und im Norddeutsches Becken verbrauchernah erzeugt werden. Überlandtrassen oder lange Fernwärmeleitungen sind hier deshalb nicht erforderlich. Bei petrothermaler Nutzung der Tiefen Geothermie könnte dieses auch auf das gesamte Gebiet von Deutschland ausgedehnt werden.
- **Umweltfreundlichen Charakter:**
  Tiefe geothermische Energieprojekte erzielen eine hervorragende CO_2-Bilanz, da nach der Installation einer Energieanlage keine fossilen Brennstoffe verbrannt werden
- **Optimale Energieausnutzung:** Geothermie garantiert die Möglichkeit optimaler Energieausnutzung durch Kraft-Wärme-Kopplung, bei der Abwärme der Stromerzeugung zusätzlich zur Beheizung von Haushalten und Gebäuden nutzbar ist.
- **Optisch unauffällig, geringer Flächenbedarf:**
  Die übertägigen Anlagen ähneln einem kleinen Industriebetrieb und umfassen bei großzügiger Auslegung rund 15.000 m^2(ca. zwei Fußballfelder, davon 75 % Freifläche).

- **Beitrag zur Entwicklung einer breit gefächerten Energieversorgung:** Geothermische Quellen bilden eine zuverlässige lokale Energiequelle, die in immer stärkerem Grad verwendet werden kann, um die auf fossilen Brennstoffen basierende Energieproduktion zu ersetzen. Geothermie schont damit unsere konventionellen nur begrenzt vorhandenen Energieressourcen und schafft Unabhängigkeit von der unsicheren Entwicklung von Fördermengen und Preisen bei Erdgas und Erdöl.

Alles in Allem ist geothermische Energie ein wichtiger Baustein bei zunehmendem Bedarf an erneuerbarer Energieproduktion. Tiefe Geothermie bedeutet eine gesicherte und stabile Grundversorgung an Strom und Wärme. Der genannten Vielzahl an Vorteilen stehen gegenwärtig als kritische Momente weltweit Minderung des Fündigkeitsrisikos und Finanzierbarkeit gegenüber, deren dezentrale Bewältigung nur auf der Basis von Wissenschaftlichkeit und verlässlicher Forschungsarbeit und -förderung erfolgreich gelingen kann und wird. Was die sozio-politische Akzeptanz in Deutschland angeht, so ist es für die zukünftige Entwicklung dringend geboten, in erforderlicher Sachlichkeit und angemessenem Zusammenspiel von externem wie auch internem Interessenmanagement Hemmnisse und Behinderungen eines Geothermieprojektes abzubauen und eine Situation vergleichbar wie in einigen Ländern des europäischen Auslands zu schaffen.

6 Nachklang

Interessanterweise formulierte der Freiberger Bergrat und Mineraloge Carl Bernhard von Cotta (Abb. 6.1) bereits im Jahre 1858:

> Sollten einst auf der mehr oder weniger bevölkerten Erde die Wälder so stark gelichtet und die Kohlenlager erschöpft sein, so ist es wohl denkbar, dass man die Innenwärme der Erde sich mehr und mehr dienstbar macht, dass man sie durch besondere Vorrichtungen in Schächten oder Bohrlöchern zur Oberfläche leitet und zur Erwärmung der Wohnungen oder selbst zur Heizung von Maschinen verwendet. (Carl Bernhard von Cotta 1858)

Zwar sind die deutschen Kohlelagerstätten keineswegs erschöpft, aber Cottas Schlussfolgerung ist nach mehr als 155 Jahren aktueller denn je: Die angestrebte Energiewende kann unserer Meinung nach nur mit einem robusten Anteil von Tiefer Geothermie am zukünftigen Energiemix gelingen. Sie ist mehr noch als Solar- oder Windenergie der stabilste und kalkulierbarste Erneuerbare Energieträger und dank der Kraft-Wärme-Kopplung auch noch der effizienteste. Erfolgreiche Vorzeigeobjekte sind hier das Geothermiekraftwerk Unterhaching oder das seit 1984 laufende Geothermiekraftwerk in Waren an der Müritz.

Andererseits gilt es, fehlgeschlagenen Geothermiebohrungen, wie z. B. in Staufen, systematisch zu untersuchen und die Stellschrauben von induzierter Seismizität durch verstärkte Forschung besser zu verstehen. Ein daraus resultierender Normenkatalog für die Prospektion, Exploration, Realisierung und Nutzung eines tiefengeothermischen Kraftwerkes wird allen daran Beteiligten, Investoren, Firmen, Behörden wie auch Anwohnern die notwendige Sicherheit bei der Realisierung eines solchen Projektes geben.

Die Erfahrungen wie auch ein entsprechender Normenkatalog für hydrothermale (Thermalwasser gestützten) Strom- und Wärmeprojekte bildet unserer Meinung nach die Voraussetzung, um auch zu einem spateren Zeitpunkt petrothermale Projekte, die nahezu überall realisierbar sind, sicher möglich zu machen.

M. Bauer et al., *Energiewirtschaft 2014,* essentials, DOI 10.1007/978-3-658-06409-9_6

Abb. 6.1 Carl Bernhard von Cotta

Dies setzt auch entsprechend durch den Bund umfangreich geförderte Forschungs- und Entwicklungsprojekte voraus. Denn es erscheint aus Sicht der Verfasser mehr als nur leichtsinnig, bei bisher sehr bedeutenden Energieträgern wie Steinkohle und Kernenergie den Ausstieg zu beschließen, ohne entsprechend einen Einstieg in Alternativen aktiver mit einem nachvollziehbaren Plan sicher zu stellen als dies in der aktuellen Energiepolitik der Fall ist. Es könnte in Beurteilung des aktuellen politischen Kurses in Deutschland der Eindruck entstehen, dass mehr dem Prinzip Hoffnung vertraut wird, als einer fundierten und an Fakten orientierten Energiepolitik. Denn ansonsten würde die noch vor einigen Jahren stärker zu erkennende politische Unterstützung für Tiefe Geothermie aktiv weiter betrieben. Insbesondere die dabei auftretenden öffentlichkeitsrelevanten Themen müssen angepackt und einer Lösung zugeführt werden, statt einen hoffnungsvollen und leistungsstarken Energieträger vorzeitig aufzugeben.

Gefordert ist jetzt die Politik, die wirtschaftliche, technische wie auch rechtliche Rahmenbedingungen schaffen muss, damit Tiefe Geothermieprojekte erfolgreich, effizient und sicher umgesetzt werden können.

Was Sie aus dem Essential mitnehmen können

- Die klimatischen Voraussetzungen in Deutschland verhindern, dass Solar- und Windkraftenergie zusammen mit Wasserkraft und Biomasse eine vollständige Stromversorgung Deutschlands mit erneuerbaren Energien ermöglichen.
- Um Stromerzeugungsschwankungen auszugleichen, können nur fossile Brennstoffe oder Tiefe Geothermie eingesetzt werden, da Stromspeichermedien vor 2050 wohl nicht in großem Umfang verfügbar sind.
- Als dezentral verfügbare Energie, die ohne wetterbedingte Schwankungen permanent zur Verfügung steht, eignet sich Tiefe Geothermie ideal, um als erneuerbare Energie-Grundlastträger Energieschwankungen aus Solar- und Windkraftanlagen auszugleichen.
- Induzierte Seismizität kann über einen verbindlichen Normenkatalog zur Durchführung von geothermischen Projekten unter die menschliche Wahrnehmungsschwelle gedrückt werden.
- Das Fündigkeitsrisiko kann bei Entwicklung entsprechender wissenschaftlicher Methoden wesentlich gemindert werden.
- Ohne eine hinreichende Nutzung von Tiefe Geothermie wird die Energiewende nicht erfolgreich sein.

M. Bauer et al., *Energiewirtschaft 2014,* essentials, DOI 10.1007/978-3-658-06409-9

Literatur

Bücher

Das im Springer-Verlag verlegte **Handbuch Tiefe Geothermie** ist eine Sammlung aktuellen Wissens über alle Aspekte der Tiefen Geothermie. Es hilft bei der Bearbeitung und Beurteilung von Geothermie-Projekten und gibt Investoren Sicherheit über notwendige Vorgehensweisen. Es leistet damit den so nötigen Beitrag zu einer sachlichen und wissenschaftsgestützten Diskussion über diese zukunftsweisende Strom- und Wärmerzeugung.

Bauer, Freeden, Jacobi, Neu (Hrsg.): Handbuch Tiefe Geothermie, 2014 Springer-Verlag 2014, XII, 708 S. 357 Abb, ISBN 978-3-642-54510-8

Schabbach, Wesselak: Energie – Die Zukunft wird erneuerbar, 2012, Springer-Verlag, XII, 178 S. 76 Abb., 10 Abb. in Farbe, ISBN 978-3-642-24347-9

Stober/Bucher: Geothermie, 2014, Springer-Verlag, 2., überarb. u. aktualisierte Aufl., IX, 302 S. 117 Abb., 112 Abb. in Farbe, ISBN 978-3-642-41762-7

Leitfäden und Reports

- VBI-Leitfaden Tiefe Geothermie, Bd. 21 der VBI-Schriftenreihe, Berlin 2010
- Eckpunkte-Papier des Bundesministeriums für Wirtschaft und Energie, Berlin, vom 17.01.2014 zur Reform des EEG Agentur für erneuerbare Energien – Forschungsgruppe erneuerbare Energien: Studienvergleich, Juli 2013
- Bundesministerium für Wirtschaft und Technologie (BMWi)
  Energie in Deutschland, Trends und Hintergründe zur Energieversorgung Februar 2013

M. Bauer et al., *Energiewirtschaft 2014,* essentials, DOI 10.1007/978-3-658-06409-9

- Fraunhofer IWES „Windmonitor"
- Dr.-Ing. Detlef Ahlborn: Statistik und Verfügbarkeit von Wind- und Solarenergie in Deutschland
- Hennig, H.-M., Palzer, A.: 100 % erneuerbare Energien für Strom und Wärme in Deutschland, Fraunhofer-Institut für Solare Energiesysteme ISE. Stuttgart, Kassel, Teltow, 2012
- Bundesverband Windenergie e. V. (Hrsg.): A bis Z – Fakten zur Windenergie. Berlin.
- Rohrig, K.: Windenergie Report Deutschland 2012. Hrsg.: Fraunhofer-Institut für Windenergie und Energiesystemtechnik (IWES), Kassel, 2012
- Marcus Brian, Dr. Jochen Schneider (Hrsg.): Leitfaden „Entwicklung von Geothermievorhaben", Freiburg 2010

Websites zu Statistiken

BDEW Bundesverband der Energie- und Wasserwirtschaft e.V.
http://www.bdew.de/internet.nsf/id/daten-grafik-de

Bundesministerium für Wirtschaft und Energie
http://www.bmwi.de/DE/Themen/Energie/energiedaten-und-analysen.html

Bundesnetzagentur für Elektrizität, Gas, Telekommunikation, Post und Eisenbahnen
http://www.bundesnetzagentur.de/cln_1412/DE/Sachgebiete/ElektrizitaetundGas/Unternehmen_Institutionen/unternehmen_institutionen-node.html

Bundesverband Braunkohle (DEBRIV)
http://www.braunkohle.de/DE/zahlen-und-fakten/zahlen-und-fakten.html

Gesamtverband Steinkohle e.V. (GVSt)
http://www.gvst.de/site/fakten/fakten.htm

Websites zu weiteren Informationen

- https://www.cdu.de/sites/default/files/media/dokumente/koalitionsvertrag.pdf
- http://www.Erneuerbare-energien.de/unser-service/mediathek/downloads/detailansicht/artikel/Erneuerbare-energien-gesetz-eeg-2012/

- http://www.vdi-nachrichten.com/Technik-Wirtschaft/Tiefe-Geothermie-bringt-Pumpen-an-Leistungsgrenzen; 15.11.2013
- http://www.ipp.mpg.de/ippcms/ep/ausgaben/ep200304/bilder/ab84.pdf
- http://www.gec-co.de/files/PUB%20E0106%20131119%20bbr%20Beitrag%20GF-ThW.pdf
- http://www.geothermie-traunreut.de/warum/
- http://www.batiactu.com/edito/neuilly-sur-marne-se-chauffera-a-la-geothermie-35985.php
- http://www.territorial.fr/PAR_TPL_IDENTIFIANT/9320/TPL_CODE/TPL_HYPERBREVE_FICHE/PAG_TITLE/Neuilly-sur-Marne+choisit+la+g%E9othermie+pour+son+r%E9seau+de+chaleur/803-actualite.htm
- http://www.tiefegeothermie.de/news/weitere-waermeversorgung-im-pariser-becken-geplant
- http://www.geothermie.de/fileadmin/useruploads/aktuelles/projekte/tiefe/deutschland/Projektliste_Tiefe_Geothermie_alphabetisch.pdf
- http://www.energycomment.de/fossile-energieimporte-und-hohe-heizkosten-neue-studie-von-energycomment; s.a. Saarbrücker Zeitung 27.12.2013
- http://www.diw.de/de/diw_01.c.433280.de/themen_nachrichten/braunkohle_nicht_systemrelevant_fuer_die_energiewende_neue_tagebaue_sind_aus_energiewirtschaftlichen_gruenden_ueberfluessig.html
- http://www.geothermie-nachrichten.de/carl-bernhard-von-cotta-1858-ueber-erdwaerme
- http://www.direktzu.de/kanzlerin/messages/die-antwort-auf-die-geschehnisse-in-japan-geothermie-32112
- http://www.dbresearch.de/MAIL/DBR INTERNET DE-PROD/PROD0000000000284196.pdf
- http://www.tiefegeothermie.de/top-themen/seismizitaet-in-der-tiefen-geothermie, Informationsportal Tiefe Geothermie
- http://www.idw-online.de/de/news524293)
- Fritschen/Rüter: Induzierte Seismizität – Ein Problem der Tiefen Geothermie? http://www.geophys.uni-stuttgart.de/agis/images/pdf/induzierte.seis.fritschen.rueter.pdf
- Wikipedia: Definition Vollaststunden bei Kraftwerken